Canulars, fraudes et supercheries scientifiques

Les Tromperies de l'Intelligence

1st edition 2024

Table des matières

Préface

Bienvenue dans l'univers fascinant des canulars, des fraudes et des supercheries scientifiques, un domaine où la réalité se mêle à la fiction, où la vérité se joue des apparences et où les limites de la crédulité humaine sont sans cesse testées. Ce livre vous invite à une exploration des moments les plus surréalistes, incroyables et souvent hilarants de l'histoire de la science, des tromperies les plus élaborées aux farces les plus inattendues. Ces supercheries scientifiques nous rappellent que, même dans le monde de la raison et de la logique, l'absurde peut se glisser sournoisement. Nous allons également réfléchir à la manière dont ces histoires ont façonné la perception de la science et les leçons que nous pouvons en tirer.

Depuis l'aube de la science moderne, les canulars et les supercheries ont été une composante intrinsèque de l'exploration scientifique. Bien avant l'ère d'Internet et des réseaux sociaux, les scientifiques, les auteurs et les farceurs subtils se sont engagés dans des mystifications savantes qui ont défié les esprits rationnels. Les récits de savants fous et d'expériences absurdes ont souvent été utilisés pour brouiller la frontière entre le sérieux et le comique.

Le XIXe siècle a été témoin de canulars et de supercheries célèbres qui ont mystifié de nombreux experts. Ces histoires ont suscité l'intérêt du public et mis en lumière les pièges de la crédulité.

L'avènement d'Internet a donné naissance à une nouvelle ère, où l'information se propage à la vitesse de la lumière et où la frontière entre le sérieux et le non-sens est de plus en plus floue. Les fausses nouvelles, les manipulations de données, et les théories farfelues ont inondé le paysage scientifique. Des affirmations sensationnelles, telles que des expériences de clonage d'humains ou des découvertes d'ADN extraterrestre, ont séduit un public en quête de sensations fortes.

Cependant, ces canulars modernes ne sont pas sans conséquences. Ils ont conduit à une méfiance accrue envers la science, à la diffusion de désinformation, et ont même eu un impact sur les politiques publiques. Les « défenseurs de la vérité » s'opposent aux canulars en remettant en question la crédibilité de la science. Ce livre explore ces enjeux délicats et examine comment la lutte contre les canulars et les supercheries est devenue un défi majeur pour la communauté scientifique.

Les canulars, fraudes et supercheries scientifiques ont également façonné l'évolution de la méthode scientifique. Ils nous rappellent que la science est un processus humain, parfois empreint d'erreurs et de biais. Ils ont montré que les préjugés et les désirs peuvent influencer la manière dont nous percevons et interprétons les données.

Lorsque des scientifiques sérieux ont été trompés, cela a conduit à une réflexion sur les méthodes de vérification et la rigueur scientifique. Ceci a renforcé la nécessité de l'examen par les pairs, de la réplication des expériences et de l'intégrité dans la recherche.

Malgré les problèmes qu'ils peuvent poser, les canulars scientifiques suscitent souvent un plaisir intrinsèque chez ceux qui les découvrent. Ils nous rappellent que la science ne se limite pas à des équations et à des laboratoires, mais peut être pleine de surprises et d'absurdités. Bien que basée sur la rigueur et la logique, elle reste un domaine humain, influencée par notre curiosité, notre créativité et, parfois, notre sens de l'humour. N'oublions pas que l'esprit critique et la vérification des faits sont des compétences cruciales dans notre monde moderne.

Alors, ouvrez ce livre et plongez dans l'univers des canulars et des supercheries scientifiques. Vous ne regarderez plus jamais la science de la même manière.

Bon voyage !

Le géant de Cardiff

Au XIXe siècle, les États-Unis étaient en pleine effervescence industrielle et scientifique. C'était une époque de découvertes et d'innovations, mais aussi de canulars. Parmi les épisodes les plus célèbres de l'époque figure le canular du « Géant de Cardiff », un événement qui a captivé l'imaginaire du public américain et qui reste une illustration fascinante de l'ingéniosité humaine et de la crédulité de l'époque.

Tout commence en octobre 1869 à Cardiff, une petite ville minière de l'État de New York. Lors de travaux d'excavation pour la construction d'un puits de charbon, deux mineurs font une découverte stupéfiante : un gigantesque homme pétrifié, mesurant près de 3 mètres de haut. La nouvelle s'est rapidement répandue, et bientôt des milliers de curieux affluaient pour voir cette incroyable trouvaille. Entre trois à cinq cents visiteurs par jour se pressaient pour voir cette curiosité. Tous les hôtels et restaurants de Cardiff affichaient complets. On fait payer (50 cts, ce qui représentait l'équivalent d'un salaire d'une demi-journée de travail d'un ouvrier) pour voir de près ce mastodonte.

Les responsables de ce canular sont George Hull et William "Stub" Newell. Hull, le cerveau de l'opération, était profondément attiré par la science et plus précisément par la théorie de l'évolution de Charles Darwin.

Hull s'est pris lui-même comme modèle pour façonner ce géant. Pour rendre la chose encore plus crédible, il a consulté un géologue. Apprenant que les poils ne pouvaient pas être pétrifiés, il a alors fait ôter tout le système capillaire (cheveux, barbe, …) du géant.

Il utilise également des teintures pour un aspect vieilli. Pour lui donner l'air ancien, Hull le transperce avec des aiguilles à tricoter avant de l'asperger d'acide sulfurique.

Fin 1868, le géant est enterré. Un an plus tard, il engage deux ouvriers officiellement pour creuser un puits à cet endroit, et fin 1869, le géant est découvert.

Le premier scientifique à examiner le géant, le géologue John F. Boynton, déclare même qu'il s'agit d'une statue surement sculptée par un jésuite français afin d'impressionner les Amérindiens.

Alors que le Géant de Cardiff attire de plus en plus de monde, des doutes commence à voir le jour. En effet, certaines personnes notent des incohérences dans l'anatomie du géant.

Par exemple, l'inspection du géant par, Othniel C. Marsh, paléontologue à l'Université de Yale, donne lieu à une conclusion pour le moins claire. Il qualifie le géant de « fumisterie ». Rapidement il devient évident que le géant est une sculpture récemment taillée dans du gypse.

Hull finit par vendre son géant 23 000 dollars (environ 500 000 euros de nos jours) pour qu'il soit exposé.

Le Géant de Cardiff peut être considéré comme l'un des canulars les plus audacieux de l'histoire américaine.

En fin de compte, le Géant de Cardiff reste un chapitre intrigant de l'histoire américaine, rappelant que même les récits les plus extraordinaires peuvent parfois trouver leur origine dans la créativité et l'imagination humaines.

F. D. C. Willard

En 1975, un article scientifique intitulé « Two-, Three-, and Four-Atom Exchange Effects in bcc » est publié par F. D. C. Willard en collaboration avec Jack H. Hetherington. Cette publication, qui paraît dans la revue scientifique « Physical Review Letters », se penche sur les phénomènes physiques à basses températures.

Ce n'est pas tant le contenu de l'article qui attire l'attention que l'auteur principal, F. D. C. Willard, dont l'identité demeure un mystère. Personne ne semble le connaître, et il est impossible de le contacter. Les tentatives pour le joindre échouent, même lorsque d'autres chercheurs appellent le bureau de Jack Hetherington à l'Université du Michigan.

L'énigme autour de l'identité réelle de F. D. C. Willard suscite des interrogations et des doutes. La controverse prend une ampleur encore plus grande lorsqu'il est révélé que la femme de Hetherington partage non seulement son lit avec son mari, mais aussi avec F. D. C. Willard, parfois les deux en même temps.

Le canular atteint son paroxysme lors de la 15e Conférence internationale sur la physique à basse température, qui se tient en 1978 à Grenoble, en France. C'est à cette occasion que l'identité de F. D. C. Willard, co-auteur de Hetherington, est finalement révélée. Au lieu de sa signature, on découvre une empreinte de patte de chat.

Il est essentiel de se replacer dans le contexte pour comprendre comment on en est arrivé là. Au début de l'année 1975, Hetherington fait relire l'article qu'il vient d'écrire à l'un de ses collègues. Celui-ci relève que l'utilisation du pronom « je » dans l'article pourrait être perçue comme un manque de modestie. Il lui signale également que la revue « Physical Review Letters » n'accepte pas les articles soumis par un seul auteur. Pour remédier à cela, Hetherington décide de trouver un co-auteur en la personne de son chat, Chester. Le chat devient alors « Felis Domesticus Chester engendré par Willard », abrégé en F. D. C. Willard.

En 1980, un journal scientifique français, « La Recherche », publie un article intitulé « L'hélium 3 solide : un antiferromagnétique nucléaire », dont l'unique auteur est F. D. C. Willard. En réalité, le document avait été rédigé par un collectif de chercheurs français et américains (y compris Hetherington) qui n'avaient pas pu se mettre d'accord sur certains aspects de son contenu. Puisqu'aucun compromis satisfaisant n'avait pu être trouvé, Hetherington avait proposé que F. D. C. Willard soit le seul auteur, afin d'éviter que leurs noms ne soient ternis en cas de critiques.

Grâce à ces articles, le chat est devenu une célébrité mondiale. Malheureusement, F. D. C. Willard est décédé en 1982 à l'âge de 14 ans.

Finalement, le concept a amusé la plupart des gens, mais étrangement, les éditeurs de la revue scientifique semblent avoir peu apprécié cette histoire.

Les pierres d'Ica

Les pierres d'Ica, ou « piedras de Ica » en espagnol, sont de mystérieuses gravures sur des rochers, principalement des pierres d'andésite, qui ont suscité de l'intérêt et de la controverse depuis leur découverte dans la région d'Ica au Pérou.

L'histoire des pierres d'Ica remonte aux années 1960 lorsque le Dr Javier Cabrera, un médecin local d'Ica prétend avoir reçu une série de ces pierres en guise de paiement pour ses soins médicaux.

Ces pierres étaient gravées de motifs énigmatiques, dont certains semblaient dépeindre des civilisations anciennes, des anatomies humaines détaillées et des créatures éteintes depuis des millions d'années, telles que les dinosaures. Les inscriptions étaient diverses, allant des cartes géographiques aux scènes de guerre, en passant par des représentations d'opérations chirurgicales complexes.

Les pierres auraient été découvertes par des locaux dans des grottes de la région d'Ica, où de véritables fossiles de dinosaures ont déjà été trouvés. Cette coïncidence est interprétée comme une preuve supplémentaire de l'authenticité des pierres, suggérant qu'elles sont contemporaines des dinosaures.

Il n'en faut pas plus à des gens peu scrupuleux pour fomenter tout un tas de théories farfelues en prétendant, par exemple, que ces pierres seraient la preuve que les extras terrestres seraient venus sur Terre.

Mais, l'authenticité des pierres d'Ica a été fortement contestée par de nombreux experts et chercheurs en archéologie. Plusieurs éléments ont suscité des doutes importants sur l'origine et l'âge réel de ces artefacts.

Un point de controverse majeur réside dans le fait que Javier Cabrera, le principal promoteur des pierres d'Ica, n'a jamais fourni de preuve archéologique solide de leur découverte. Les allégations de la provenance des pierres venant de grottes, n'ont pas été étayées par des fouilles archéologiques formelles, ce qui remet en question leur origine.

De plus, les tests de datation au carbone 14 sur certaines pierres ont révélé qu'elles dataient en réalité du XXe siècle, contredisant ainsi l'affirmation selon laquelle elles étaient âgées de plusieurs centaines de milliers d'années.

Le canular sera éventé dans les années 1970.

Deux personnes originaires d'Ica avouent être les auteurs de la supercherie : elles ont gravé les pierres et les ont vendues à Cabrera et à d'autres collectionneurs.

En 1977, un documentaire britannique intitulé Pathway to the Gods (« La Voie des Dieux »), montre une des deux personnes à l'origine du canular, fabriquer une pierre d'Ica et dire que c'est quand même plus facile de fabriquer des pierres que de cultiver la terre.

Plus de 15 000 pierres furent ainsi fabriquées inondant le marché de l'art précolombien.

En conclusion, le canular des pierres d'Ica constitue un exemple classique de la nécessité d'une analyse critique et d'une évaluation minutieuse des preuves dans le domaine de l'archéologie. Alors que ces pierres ont captivé l'imagination de nombreux amateurs de mystères non résolus, elles n'ont pas réussi à résister à l'examen attentif de la communauté scientifique.

La fusion froide

L'histoire de la science est parsemée de moments de découverte extraordinaires, de percées majeures qui éclairent notre compréhension du monde. Cependant, cette histoire compte également quelques pages sombres, marquées par des épisodes de méprises, d'erreurs, voire de tromperies. L'un de ces épisodes les plus controversés de l'histoire scientifique est le canular de la fusion froide.

Pour comprendre la fusion froide, remontons dans les années 1980, durant lesquelles l'énergie nucléaire était au cœur des débats. À cette époque, deux chimistes, Martin Fleischmann et Stanley Pons, font une déclaration qui va secouer le monde scientifique. Ils annoncent avoir réussi à produire de l'énergie de fusion à température ambiante. Leurs expériences semblaient indiquer que la fusion nucléaire pouvait se produire dans des conditions bien moins extrêmes que celles requises dans les réacteurs à fusion thermonucléaire, ouvrant ainsi la voie à une source d'énergie révolutionnaire.

L'annonce de cette découverte a suscité un enthousiasme mondial. Les répercussions potentielles de la fusion froide étaient énormes : des sources d'énergie illimitées, propres, et peu coûteuses semblaient à portée de main. Les médias s'emparèrent de l'histoire, le grand public était captivé ; la fusion froide était devenue un phénomène culturel.

Mais, les déclarations de Fleischmann et Pons ont rapidement suscité des doutes et des questions de la part de la communauté scientifique. Les chercheurs du monde entier ont tenté de reproduire les expériences et d'obtenir les mêmes résultats, mais avec plus ou moins de succès. Alors que certains semblaient confirmer la fusion froide, d'autres ne parvenaient pas à répliquer les expériences.

Rapidement des doutent sont apparus concernant la méthodologie, la véracité des données et les résultats expérimentaux.

La répétabilité des résultats est essentielle pour valider une découverte. La fusion froide n'a pas résisté à ce critère de base, et la controverse s'est enracinée.

Les partisans de la fusion froide ont accusé les sceptiques de fermer les yeux sur une révolution scientifique potentielle. Les sceptiques, de leur côté, ont souligné le manque de preuves convaincantes pour étayer les affirmations de Fleischmann et Pons.

Malgré les nombreuses tentatives pour clarifier la situation, la fusion froide est rapidement devenue synonyme de doute, de déception, voire de scandale scientifique. L'argent des contribuables avait été investi, des recherches avaient été menées, et des carrières avaient été bâties sur des promesses qui semblaient non tenues.

En 1990, une commission de scientifiques a conclu que la fusion froide n'était pas réalisable.

L'histoire de la fusion froide est un rappel puissant des complexités et des écueils de la recherche scientifique. Elle rappelle que même les scientifiques les plus respectés peuvent se tromper et que la vérification des faits est cruciale. La science est un domaine en constante évolution, où les erreurs sont inévitables, mais où le doute et le débat sont inhérents à l'avancement de la connaissance.

La voiture à eau

Le mythe de la voiture à eau trouve ses racines au début du XXe siècle, lorsque les scientifiques et les inventeurs rivalisaient pour développer de nouvelles technologies de propulsion automobile. À l'époque, la question de l'énergie propre et renouvelable était déjà d'actualité et les préoccupations environnementales émergeaient.

L'idée de la voiture à eau, qui utiliserait l'hydrogène comme carburant, s'est rapidement imposée. L'hydrogène étant l'élément chimique le plus abondant de l'univers, sa combustion ne produisant que de l'eau, il devenait un candidat idéal pour une solution de transport respectueuse de l'environnement. Les promesses de voitures à eau suscitaient donc beaucoup d'enthousiasme.

Plusieurs inventeurs ont prétendu avoir réussi à mettre au point des moteurs de voitures fonctionnant à l'eau. Parmi les plus notoires, on trouve Charles Garrett, un ingénieur autodidacte. Dès 1920 il affirme que sa technologie révolutionnaire permettait de scinder l'eau en hydrogène et en oxygène, et d'utiliser l'hydrogène pour alimenter les moteurs automobiles.

Les affirmations de Garrett étaient étayées par des démonstrations impressionnantes et des témoignages de soutien notamment une chimiste le Dr Emily Roberts.

Mais, des critiques, y compris d'experts en chimie et en physique, ont rapidement pointé du doigt des incohérences scientifiques dans ses déclarations. Le principe de conservation de l'énergie, par exemple, semblait contredire l'idée qu'une voiture à eau puisse produire plus d'énergie qu'elle n'en consomme.

En fait, plusieurs individus étaient impliqués dans cette supercherie. Charles Garrett était au centre de l'affaire, mais il avait l'appui de scientifiques et d'ingénieurs fictifs, tels que le Dr Emily Roberts, une chimiste inventée de toutes pièces.

L'épisode de la voiture à eau est une histoire qui nous rappelle que la réalité scientifique est souvent plus complexe que la fiction. Elle met en évidence les frontières entre la science et la pseudoscience et souligne l'importance de la rigueur scientifique.

Les Ummites

L'histoire de l'observation d'OVNI est parsemée de témoignages, d'observations énigmatiques et, de canulars. Parmi les canulars les plus notoires de l'histoire de l'ufologie, l'affaire des Ummites est sans doute l'un des plus fascinants et des plus complexes. Cette histoire nous entraîne dans un monde de mystère, de manipulation et d'allégations étonnantes.

L'histoire des Ummites débute dans les années 1960, en Espagne, lorsque plusieurs personnes reçoivent des courriers d'un groupe prétendant être des extraterrestres appelés les Ummites. Cette première lettre est rédigée dans un espagnol impeccable et commence par une mise en garde sur le fait qu'il ne faut pas la considérer comme un canular.

Les lettres étaient d'une grande valeur scientifique. Dans celles-ci, Les Ummites disent venir de la planète Ummo, située dans un système stellaire lointain, à 14 années-lumière de la Terre. Les Ummites affirment qu'ils surveillent la Terre depuis de nombreuses années et qu'ils cherchent à établir un contact direct avec les Terriens.

Ils parlent (en autre) de leur planète et la décrivent avec précision ; ils donnent son rayon équatorial, sa masse, son inclinaison à la normale du plan de translation, son temps de rotation sur son axe, son accélération gravitationnelle, etc.

Pour « déchiffrer » ces premières lettres, il faut avoir de très solides bases en cosmologie, en astrophysique, en mécanique quantique, en physique et en biologie. Et ce ne sont que les 6 premières feuilles sur un total de 1300 qui seront reçues.

Les lettres étaient très détaillées et couvraient une gamme variée de sujets, allant de la science et de la technologie aux considérations philosophiques et éthiques. Les Ummites décrivaient en détail leur société, leur mode de vie et leurs avancées technologiques, tout en exprimant un intérêt particulier pour la nature humaine.

Ce sont les détails étonnamment précis que les Ummites ont fournis dans leurs lettres qui vont rendre l'affaire si captivante. Ils prétendaient avoir une connaissance approfondie de la science, de la biologie, de la philosophie, et de la technologie terrestres. Ils décrivaient des concepts scientifiques avancés, des théories sociales, et donnaient des détails sur leurs engins spatiaux et leur voyage interstellaire.

La controverse autour des Ummites a engendré des défenseurs convaincus de leur authenticité. Ils affirmaient que les détails techniques fournis par les Ummites étaient trop complexes pour être le fruit d'une supercherie. Ils citaient également les analyses graphologiques et stylistiques qui semblaient indiquer que les lettres étaient bien l'œuvre d'auteurs distincts et qu'elles ne pouvaient être attribuées à une seule personne.

D'un autre côté, les sceptiques ont soulevé de nombreux points troublants. Ils ont noté que malgré les affirmations des Ummites selon lesquelles ils vivaient parmi nous, il n'y avait aucune preuve tangible de leur existence sur Terre. Aucun OVNI, aucune rencontre extraterrestre, aucune preuve matérielle n'étayait leurs allégations. De plus, il était étrange que les Ummites aient choisi de communiquer par courrier postal plutôt que par des moyens plus avancés.

Pendant plus de 30 ans les courriers vont arriver dans le monde entier.

Finalement, le mystère des Ummites a été résolu, mais d'une manière inattendue. En 2005, une confession a été faite par deux hommes, José Luis Jordán Peña et Manuel Sánchez Ron, qui ont admis avoir créé le canular des Ummites dans les années 1960. Ils avaient rédigé les premières lettres et les avaient envoyées anonymement pour créer une mystification sophistiquée. Ensuite, tout un tas de « complices » sont venus les rejoindre, puis tout un tas de plaisantins les ont imités pour écrire certains documents.

Ils ont expliqué que leur motivation était principalement de s'amuser. Cependant, le canular a pris une ampleur imprévue, avec de nombreuses personnes croyant fermement en l'authenticité de ces lettres.

L'histoire des Ummites est un bel exemple de la façon dont une mystification élaborée peut duper même les esprits les plus sceptiques. Elle illustre également les défis inhérents à la recherche de preuves solides en ufologie, un domaine où les témoignages et les récits abondent, mais où les preuves tangibles restent rares.

John Romulus Brinkley

L'histoire de la médecine est marquée par des avancées médicales révolutionnaires et des découvertes salvatrices. Cependant, parmi les récits de triomphe de la médecine, il existe des chapitres sombres, des épisodes où les frontières entre la médecine, la fraude et le spectacle sont floues. L'histoire du Dr. John Romulus Brinkley est l'un de ces chapitres, un récit troublant d'un homme qui a exploité la crédulité de ses patients pour réaliser des gains financiers considérables.

John R. Brinkley est né en 1885 dans le sud des États-Unis. Sa carrière débute de manière surprenante; il achète un faux diplôme de médecin et commence à exercer. Quand en 1910, un « patient » le consulte pour soigner son impuissance sexuelle, il saisit l'opportunité et va lui proposer de lui transplanter des testicules de bouc (l'animal n'est-il pas réputé pour sa virilité ?).

Il se propose donc de restaurer la virilité de ses patients. De nombreux hommes désespérés en quête d'une solution à leurs problèmes intimes viennent le consulter. Pour une somme rondelette, les hommes pouvaient subir cette opération controversée qui promettait de transformer leur vie.

Il va même faire plus en proposant d'implanter à des femmes des ovaires de chèvre qui d'après lui soignent presque tout : les cancers, les maladies dégénératives et même évite les flatulences.

Pour se faire connaitre, il exploite une radio et va avoir une émission dans laquelle il répond en direct aux auditeurs qui l'appellent.

Chaque jour on estime à 50 000 le nombre de lettres qui arrivent à la station de radio pour l'émission de Brinkley. Tous les soirs, il répond aux questions des auditeurs, donne des diagnostics, en recommandant bien sûr de se faire opérer ; il va également prescrire des remèdes fabriqués par la compagnie qu'il a créée.

Brinkley va devenir immensément riche.

Certaines personnes commencent à remettre en question la validité de ses traitements et les bases scientifiques de sa théorie. Des poursuites judiciaires et des enquêtes médicales sont lancées, et en 1941, la commission médicale de l'État du Kansas lui retire sa licence médicale, mettant fin à sa carrière.

Mais, Brinkley va continuer à opérer clandestinement jusqu'en 1942. Là, il est reconnu coupable de pratique illégale de la médecine et est condamné à une peine de prison.

On a estimé qu'en tout, il avait réalisé plus de 5000 transplantations.

L'histoire du Dr. John R. Brinkley demeure un rappel troublant de la vulnérabilité de l'être humain face à la promesse de la guérison miracle et à la tentation de la recherche de la jeunesse éternelle.

Chasles et les lettres

Parmi les tromperies notoires figure celle dont a été victime le mathématicien français Michel Chasles, qui prétend avoir en sa possession des lettres manuscrites inédites de personnages célèbres.

 Cette supercherie, qui a d'abord dupé les éminents experts de l'époque, révèle comment la passion pour la découverte de documents historiques précieux peut parfois obscurcir le jugement critique.

Michel Chasles est un mathématicien français respecté de la première moitié du XIXe siècle. Il écrit plusieurs ouvrages sur la géométrie en créant le terme « homothétie ». Après de brillantes études scientifiques, il est professeur de géodésie à l'école polytechnique, membre de l'institut de France, membre de l'académie royale de Belgique, il collabore à toutes sortes de revues savantes bref c'est une sommité scientifique. Mais Chasles est également un collectionneur compulsif et c''est à cause de cette passion qu'il va se trouver mêler à une affaire très embarrassante.

En juillet 1865, Chasles présente devant l'académie française toute une série de documents, notamment des écrits inédits de Blaise Pascal, le célèbre mathématicien, physicien et philosophe du XVIIe siècle. Ces lettres semblent révéler des idées inédites de Pascal, ce qui en fait une trouvaille exceptionnelle. Elles révèlent un Blaise Pascal méconnu, préoccupé par la question de l'infini et d'autres questions philosophiques. Elles établissent également qu'avant Newton, l'auteur des Pensées avait découvert le principe de l'attraction universelle. Le fait que Chasles soit lui-même un mathématicien de renom renforce la crédibilité de la découverte. La nouvelle a rapidement captivé l'attention du monde scientifique, les lettres furent traduites et publiées dans plusieurs revues prestigieuses, suscitant un grand intérêt.

Des doutes ont finalement commencé à émerger. Prosper Faugère, auteur de nombreux travaux sur Pascal, conteste leur authenticité mais sans succès. Les analyses des lettres révèlent des incohérences stylistiques et linguistiques avec l'écriture de Pascal. La communauté scientifique commence à remettre en question la validité des lettres et exige des preuves plus solides de leur authenticité.

Chasles se justifie alors en présentant d'autres documents dont entre autres : une lettre de Pythagore, une correspondance entre Galilée et Pascal, une correspondance entre Cléopâtre et Jules César… le tout écrit en français.

Cet épisode ne convainc personne, pire tout le monde comprend maintenant que les documents présentés sont faux.

Mais comment en est-on arrivé là ?

Chasles va être manipulé par un faussaire, Denis Vrain Lucas. Aveuglé par sa curiosité et son désir de découverte, il va acheter à cet escroc plus de 12 000 lettres et documents divers tous plus invraisemblables les uns que les autres (une lettre d'Abel à Cain, une correspondance entre Marie Madeleine et Lazare ressuscité, une lettre d'Alexandre le grand à Aristote, …)

L'affaire de Chasles et les lettres de Pascal ont laissé une tache indélébile sur la réputation de l'érudit français. Sa carrière a été ternie, et l'histoire de la science a enregistré un exemple d'une supercherie intellectuelle. Cependant, cette fraude épistolaire soulève également des questions importantes sur la nature de l'érudition, la crédulité académique et la recherche de documents historiques précieux.

Attention au DHMO

Les canulars scientifiques prennent souvent des formes inattendues, mais l'un des plus célèbres et des plus trompeurs est le canular du DHMO, abréviation anglo-saxonne de « Dihydrogène Monoxide ». DHMO est en réalité une façon sophistiquée de désigner l'eau, une substance vitale pour la vie sur Terre. Ce canular est un exemple de la manière dont l'utilisation de terminologie technique et d'une manipulation habile des informations peut tromper même les esprits les plus avertis.

Le Canular de DHMO est créé pour la première fois par des étudiants du MIT (Massachusetts Institute of Technology) dans les années 1980. Ils lancent une pétition qui demande l'interdiction de cette « substance dangereuse ». La pétition est accompagnée d'une documentation scientifique, qui fait référence à des propriétés du DHMO, telles que sa capacité à corroder les métaux, son rôle dans l'érosion des sols. Ils rappellent que ce produit est également présent sous forme gazeuse, qui peut provoquer des brûlures graves.

La réaction du public au canular du DHMO a été alarmante. Beaucoup de gens, y compris certains experts non informés, ont été convaincus que DHMO était une menace sérieuse. Des lettres de protestation ont été envoyées aux gouvernements locaux et aux agences environnementales. Certains ont demandé que des mesures soient prises pour interdire le DHMO.

La pétition a rapidement attiré l'attention des médias et du public, générant une inquiétude généralisée à propos de cette mystérieuse substance.

Après plusieurs semaines, les étudiants du MIT ont révélé le canular du DHMO, en expliquant la véritable nature du DHMO, juste de l'eau. Le public, qui avait été la victime de cette supercherie, a réagi avec un mélange d'amusement, de consternation et de soulagement.

Ceci illustre l'importance de la compréhension des concepts scientifiques de base pour le grand public. En outre, il montre comment des informations présentées de manière trompeuse et habile peuvent inciter les gens à tirer des conclusions erronées.

Ce canular a été maintes fois renouvelé avec toujours autant de succès (comme ce député – dont on taira le pays – qui avait publiquement interpellé le gouvernement sur la non mise en place d'une réglementation liée au DHMO, ou encore cette radio locale qui avait déclaré – pour un 1er avril – que l'eau du robinet possédait un taux élevé de DHMO ; provoquant un état de quasi panique au sein de la population.

Le canular du DHMO est un exemple classique de la manière dont un simple jeu de mots et une utilisation créative de la terminologie scientifique peuvent mener à une désinformation répandue.

Les martiens attaquent

Le 30 octobre 1938, des millions d'Américains ont vécu une soirée que personne n'a oublié grâce (ou à cause) d'un événement radio qui allait devenir légendaire : l'émission « La Guerre des mondes » d'Orson Welles, basée sur le roman éponyme de H. G. Wells. Cette adaptation a non seulement prouvé la puissance de la radio (média naissant à l'époque), mais elle a également provoqué une véritable panique chez certains auditeurs qui ont pris l'histoire de l'invasion martienne comme une réalité terrifiante. Revenons donc sur cette émission de radio, son contexte et son impact.

Les années 1930 étaient une période de grands changements aux États-Unis et dans le monde. La Grande Dépression faisait rage, et les Américains étaient confrontés à des défis économiques et sociaux considérables. La radio était un média de divertissement en plein essor, avec des émissions variées allant de pièces de théâtre radiophoniques aux émissions de musique.

Orson Welles, un jeune prodige du théâtre et du cinéma, était déjà une personnalité en vue. Il avait fondé le Mercury Theatre, une compagnie de théâtre ambitieuse, qui avait créé de « La Guerre des mondes » pour la radio. Welles et son équipe, comprenant notamment le scénariste Howard Koch, ont choisi de moderniser l'histoire de H. G. Wells et de la transposer à l'époque contemporaine, avec des effets sonores et des mises en scène réalistes.

Diffusée dans le cadre de la série « Mercury Theatre on the Air » de CBS, l'émission de radio « La Guerre des mondes » était une adaptation fidèle du roman de H. G. Wells. Orson Welles lui-même a joué le rôle du narrateur et de plusieurs autres personnages. L'émission a débuté comme une émission musicale de danse, puis a été interrompue par des nouvelles annonçant l'atterrissage de Martiens dans le New Jersey.

Ce qui a suivi était une dramatisation réaliste des événements de l'invasion martienne, avec des acteurs talentueux, des effets sonores convaincants et des mises à jour fréquentes venant du terrain. L'émission a été conçue pour ressembler à un bulletin d'information en direct, ce qui a contribué à la confusion de nombreux auditeurs.

L'adaptation d'Orson Welles a été si convaincante que de nombreuses personnes ont cru que l'invasion des Martiens était réelle. Les mises à jour du bulletin d'information, les bruits de bataille et les cris de terreur ont convaincu de nombreux auditeurs que le monde était en train de s'effondrer.

Après la diffusion, la panique radiophonique a été si importante que les autorités locales et nationales ont dû intervenir pour calmer la situation. Les appels téléphoniques aux postes de police et aux stations de radio ont afflué, et des gens ont cherché à fuir les zones supposément envahies.

La réaction à l'émission de Welles a été mitigée. Certains ont applaudi l'ingéniosité et la qualité de la production, tandis que d'autres ont critiqué Orson Welles pour avoir semé la confusion et la peur parmi le public. Les médias ont également fortement couvert l'incident, ce qui a contribué à accroître la notoriété d'Orson Welles et de son émission de radio.

L'émission de radio d'Orson Welles basée sur « La Guerre des mondes » est devenue un exemple célèbre de la puissance de la radio en tant que média, capable de créer une illusion si réaliste qu'elle pouvait influencer les perceptions et les réactions du public.

La psychotropine

L'histoire de la psychotropine est le récit d'un canular qui a touché le monde du médicament.

La revue française « Prescrire » se distingue en tant que revue médicale mensuelle axée sur l'actualité des médicaments, grâce à la contribution de médecins, pharmaciens et experts du domaine pharmaceutique. Elle jouit d'une réputation d'indépendance et est souvent qualifiée de « lanceur d'alerte ». Par exemple, elle a été parmi les premières à mettre en garde contre les risques associés au Mediator.

En 1984, l'équipe éditoriale de cette revue décide de publier un article humoristique pour le 1er avril. Cette démarche poursuit un double objectif : évaluer le sens critique de ses lecteurs tout en insufflant une touche d'humour.

La psychotropine, ou Panaceum1 (une pseudo-marque déposée), est présentée comme une substance aux propriétés extraordinaires, qualifiée de « bénéfique pour tout, même sans diagnostic préalable et sans effets secondaires indésirables ». Son principe actif est prétendument extrait d'une plante du Haut Tibet, le Panaceum miraculosis Linn, traditionnellement utilisé comme hypnotique. L'indication du médicament est le « traitement des affections psychologiques et psychiatriques résistantes aux thérapies conventionnelles ». L'article affirme qu'une seule prise de 5 mg garantit la guérison de la majorité des patients.

L'auteur de l'article précise que « l'énorme avantage pour nous, prescripteurs, est que nous n'avons pas besoin d'établir un diagnostic précis. Dès que nous soupçonnons un trouble, qu'il soit majeur ou mineur, la prescription reste la même ».

Dès la publication de l'article, la rédaction de la revue a été submergée d'appels téléphoniques au sujet du Panaceum. Parmi les appelants figuraient de nombreux professionnels de la santé à la recherche de compléments d'information, notamment sur la posologie, le taux de remboursement ou la durée du traitement. Certains médecins avaient même commencé à prescrire ce médicament.

Suite à ce canular, certains professionnels de santé, retrouvant leur humour estudiantin, ont souri face à la supercherie tout en admettant avoir tiré une leçon de cette expérience. Pour d'autres, cela a été une pilule amère à avaler, et la revue a constaté un nombre non négligeable de désabonnements.

Depuis lors, les poissons d'avril font leur apparition chaque mois d'avril dans cette revue. Par exemple, il y a quelque temps, un article a annoncé le retrait d'un médicament, le tripoliponumab, parce que la société qui le produisait, DreamTrueTrue, avait mentionné comme effet secondaire un « déficit chronique en rêves diurnes persistants » et s'était engagée à indemniser les victimes.

La morale de cette histoire, parfaitement authentique, met en lumière le fait que même des personnes hautement diplômées peuvent parfois manquer de sens critique.

Il ne faut pas oublier que « tout ce qui est écrit n'est pas forcément vrai, et tout ce qui est vrai n'est pas forcément écrit ».

Les cosmonautes fantômes

Dans l'histoire de l'exploration spatiale, un éventail de mystères et d'énigmes a émergé au fil des décennies. Parmi ceux-ci, le canular des cosmonautes fantômes » occupe une place particulière, suscitant à la fois fascination et scepticisme.

L'histoire commence dans les années 1950, en Italie, quand 2 frères, font l'acquisition de vielles radios dans des surplus américains. Comme beaucoup de monde ils se passionnent pour ce qu'on appelle la course à l'espace.

Les 2 frères commencent à « écouter vers le ciel » pour capter des signaux de vaisseaux spatiaux. Ils vont ainsi capter entre autres les signaux de Spoutnik mais aussi d'Explorer 1, le premier satellite américain. Ils vont ensuite révéler au monde les secrets les mieux cachés de l'Union soviétique.

À l'époque, l'URSS qui n'était pas un modèle de transparence, n'annonçait les missions une fois que celles-ci étaient terminées et si elles avaient réussi. Les échecs étaient passés sous silence.

En novembre 1963, les deux frères racontent avoir suivi les communications de deux cosmonautes (Ludmilla et Anatoli Tonkov) et intercepté une conversation dans laquelle l'un des deux cosmonautes parle de la perte de contrôle du vaisseau.

Plus tard, en avril 1965 ils captent un signal de SOS depuis une position d'orbite lunaire. Ils parviennent à identifier l'origine du message : le vaisseau Lunik. Personne n'entendra jamais parler officiellement de cette mission.

L'occupant inconnu du vaisseau Lunik et les époux Tonkov ne sont que les exemples les plus frappants de ce que l'on va appeler les cosmonautes fantômes.

Les médias saisissent alors l'occasion de sensibiliser le public sur ces récits mystérieux. Des publications rapportent des détails troublants sur les transmissions radio, évoquant des voix humaines dans l'espace. Ces récits captivent le public, et le mythe des « Cosmonautes Fantômes » commence

Le phénomène des « Cosmonautes Fantômes » a été alimenté par la guerre froide et la course à l'espace. Les théories du complot et les récits sensationnels ont gagné du terrain, d'autant plus que la désinformation était une arme puissante dans la guerre de l'information.

Mais rapidement une question se pose. Pourquoi sont-ils les seuls à entendre ces choses alors que beaucoup de gens scrutent l'espace et écoute les signaux radios ?

Au final la supercherie sera démasquée ; c'était une théorie du complot avant l'heure...

Mais ceci a quand même un fond de vérité.

Avant d'envoyer un homme en orbite, les Soviétiques réalisaient des vols avec des mannequins et des systèmes permettant de tester les transmissions grâce à des messages préenregistrés.

C'est pourquoi les Américains qui écoutaient eux aussi ce qui se passait dans l'espace, étaient persuadés, dans un premier temps, que les Soviétiques avaient déjà envoyés tout un tas de cosmonautes.

Lors d'une mission, pour tester les communications, les Soviétiques diffusèrent des enregistrements des chœurs de l'armée rouge. De là à penser que l'URSS était capable d'envoyer toute une chorale dans l'espace...

Ceci un exemple de la manière dont la désinformation peut prendre racine dans l'imaginaire collectif. Cela nous invite également à nous interroger sur l'impact qu'elle peut avoir sur notre compréhension du monde.

La pyramide d'énergie

Les pyramides d'Égypte sont depuis longtemps le sujet de fascination et de mystère pour les chercheurs, les historiens et les amateurs d'archéologie. Parmi les nombreuses théories et spéculations qui entourent ces monuments anciens, une se distingue par son caractère insolite et sa prétendue révolution scientifique : « la Pyramide d'énergie ».

Dans les années 1930, Antoine Bovis, un quincailler français et archéologue amateur se rend en Égypte. Il déclare avoir découvert une étrange chambre souterraine sous la Grande Pyramide de Gizeh grâce à son pendule. Il trouve des cadavres de rats (de l'époque des pharaons) en parfait état de conservation. Il en conclut que cette chambre émet une énergie mystérieuse liée à des forces inexpliquées.

Antoine Bovis développe alors toute une théorie : la chambre située sous la Grande Pyramide peut générer une « énergie vitale » ou « énergie pyramidale ».

Cette théorie de « l'énergie pyramidale » attire rapidement des adeptes de l'occultisme et des théories de l'énergie mystique. Des livres sont publiés sur le sujet, et on trouve même en vente des produits (« accumulateurs d'énergie pyramidale ») sensés régénérer les personnes se trouvant aux alentours.

Les expériences menées pour démontrer l'existence de « l'énergie pyramidale » n'ont pas donné de résultats probants, et les produits basés sur ces idées n'ont pas été scientifiquement validés.

Bovis finira même par avouer ne s'être jamais rendu en Égypte et donc ne pas avoir fait cette découverte grâce à un pendule.

Au fil des années cette théorie va perdurer et d'autres personnes vont continuer à entretenir cette croyance. On peut par exemple citer Drbal, un tchécoslovaque, qui en 1949 va proposer à la vente un « appareil de rasage du Pharaon ». Il s'agissait d'une pyramide dont l'énergie permettait de garder les lames de rasoirs tranchantes plus longtemps.

La « Pyramide d'énergie » illustre comment les théories non scientifiques peuvent gagner du terrain et influencer la pensée populaire, même en l'absence de preuves solides. Bien que « l'énergie pyramidale » ait été largement discréditée, elle continue d'intriguer et de susciter l'intérêt.

À la découverte des luniens

L'histoire du canular de la Lune débute en août 1835, lorsque Richard Adams Locke, un journaliste travaillant pour le New York Sun, a publié une série d'articles sensationnels. Ces articles prétendaient que l'astronome britannique Sir John Herschel avait découvert de la vie sur la Lune à l'aide d'un nouveau télescope révolutionnaire. Selon Locke, Herschel avait observé des créatures étranges et merveilleuses, y compris des hommes ailés, des chameaux bizarres et des paysages lunaires fascinants.

L'histoire a été racontée avec tant de détails et de conviction que de nombreux lecteurs ont été captivés par le récit de cette découverte fantastique. Le récit du télescope ultrapuissant de Herschel, capable de révéler de tels détails, a ajouté de la crédibilité à l'histoire.

Le canular de Locke a rapidement provoqué un engouement médiatique. Les articles du New York Sun ont été repris par d'autres journaux et traduits dans plusieurs langues. L'histoire de la vie sur la Lune a captivé l'imagination du public, suscitant des discussions dans les salons, les cafés et les cercles intellectuels de l'époque. Beaucoup ont cru que la science venait de faire une découverte extraordinaire.

Le canular a également attiré l'attention des scientifiques et des astronomes, qui ont été intrigués par les prétendues observations de Herschel. Cependant, il y avait aussi des voix sceptiques, notamment des astronomes qui doutaient que de tels détails puissent être observés depuis la Terre, même avec le meilleur télescope de l'époque.

Après avoir laissé l'histoire se développer pendant plusieurs jours, Locke a finalement révélé la vérité derrière le canular. Le 16 septembre 1835, le New York Sun a publié un article avouant que les récits de vie sur la Lune étaient fictifs. Locke a expliqué que l'histoire avait été conçue comme un exercice d'imagination, visant à susciter l'intérêt du public pour l'astronomie et à augmenter les ventes du journal.

La révélation a provoqué des réactions variées. Certains lecteurs ont ri de s'être laissés berner, tandis que d'autres se sont sentis trompés et se sont indignés. Les scientifiques, en général, ont exprimé leur désapprobation pour l'utilisation de la tromperie à des fins éducatives. Cependant, le canular a également eu un effet positif en stimulant l'intérêt du public pour l'astronomie, incitant de nombreuses personnes à s'intéresser davantage à cette science.

Le canular de la Lune a également inspiré d'autres histoires de la science-fiction, contribuant ainsi à l'évolution de ce genre littéraire. Il sera même cité dans le roman « De la Terre à la Lune » de Jules Verne.

L'affaire Sokal

Au milieu des années 1990, un séisme s'empara du monde académique. L'Affaire Sokal, du nom du physicien américain Alan Sokal, a mis en lumière un profond conflit entre la science rigoureuse et les théories postmodernistes.

L'histoire démarra avec la parution d'un article baptisé "Transcender les limites : pour une herméneutique transformatrice de la gravitation quantique" dans "Social Text", une prestigieuse revue universitaire spécialisée dans les études culturelles. L'article, écrit par Alan Sokal, était une parodie brillante de la rhétorique postmoderne, mélangeant des termes scientifiques complexes avec des arguments absurdes (par exemple que la réalité physique est fondamentalement une construction sociale et linguistique ou qu'Il existe des mathématiques émancipatrices et que la physique quantique a des implications politiques progressistes.). L'article adoptait le langage et le style caractéristiques des théoriciens postmodernistes.

L'objectif de Sokal était de mettre en lumière ce qu'il percevait comme une dérive intellectuelle dangereuse au sein de certaines branches des sciences humaines. Il voulait montrer que certains milieux universitaires étaient prêts à accepter et à publier n'importe quelle absurdité tant qu'elle était habillée dans un jargon postmoderne à la mode.

L'article de Sokal a été accepté et publié par « Social Text », suscitant l'étonnement et l'admiration de nombreux lecteurs qui y ont vu une véritable révolution intellectuelle. Cependant, Sokal a révélé son canular peu de temps après la publication dans le magazine « Lingua Franca ». Il expliquait en détail comment il avait délibérément truffé son texte de non-sens, tout en s'amusant aux dépens de ceux qui l'avaient accepté.

L'Affaire Sokal a eu un impact immédiat et a suscité un vif débat dans la communauté intellectuelle. D'un côté, certains ont critiqué Sokal pour sa tromperie, affirmant qu'elle ne faisait que renforcer les stéréotypes sur les études culturelles. D'un autre côté, de nombreux scientifiques et philosophes ont applaudi Sokal pour avoir exposé les failles intellectuelles de certains milieux universitaires.

L'Affaire Sokal a jeté une lumière crue sur les tensions profondes entre la science et la postmodernité. Elle a mis en évidence les inquiétudes selon lesquelles certaines branches des sciences humaines, en particulier les études culturelles et la philosophie postmoderne, se perdaient dans un relativisme extrême, remettant en question la validité même de la vérité et de la réalité.

Les partisans des théories postmodernistes ont argumenté que Sokal avait mal compris les nuances de leurs arguments, et qu'il avait délibérément choisi de se moquer de ce qu'il ne comprenait pas. Ils ont également fait valoir que l'Affaire Sokal ne remettait pas en cause les nombreuses contributions significatives de la philosophie postmoderne à la réflexion contemporaine sur la culture et le langage.

D'un autre côté, les critiques de la postmodernité ont utilisé l'Affaire Sokal pour dénoncer ce qu'ils considéraient comme un relativisme intellectuel excessif. Ils ont fait valoir que la science et la philosophie devaient respecter des normes d'objectivité et de rigueur pour progresser.

Les rhinogrades

Le monde de la science a été témoin de nombreux canulars et mystifications au fil des ans, mais peu ont atteint le niveau d'ingéniosité du canular des rhinogrades. Imaginées comme des créatures apparemment nouvelles et fascinantes, les rhinogrades ont été présentées au public et à la communauté scientifique dans les années 1950, suscitant un grand enthousiasme.

L'existence des rhinogrades est révélée par un naturaliste suédois, le professeur Gerolf Steiner, créé par un écrivain suisse du nom de Harald Stümpke. Le canular a pris vie dans le livre « Rhinogrades - Une nouvelle faune mystérieuse et inexplorée », publié en 1957. Le livre décrivait les rhinogrades comme des créatures à mi-chemin entre les oiseaux et les mammifères, dotées de caractéristiques anatomiques inhabituelles. Parmi ces caractéristiques figuraient des pattes en forme de pelle pour creuser, un bec pour fouiller la terre et des « cornes » sur leur dos.

Stümpke a créé un récit fascinant autour des rhinogrades, affirmant qu'ils avaient été découverts dans des endroits éloignés et exotiques, notamment en Nouvelle-Guinée et en Afrique équatoriale. Il a également prétendu que leur existence avait été soutenue par des naturalistes renommés et que des expéditions scientifiques avaient été menées pour les étudier.

Le livre sur les rhinogrades a été reçu avec enthousiasme par la communauté scientifique et le grand public. Les descriptions détaillées des créatures et les photographies convaincantes ont alimenté la croyance en l'existence de ces étranges animaux.

Le canular a été si bien élaboré que de nombreux experts en zoologie ont cru aux rhinogrades et ont commencé à évoquer la possibilité qu'ils représentent un chaînon manquant de l'évolution. Cette acceptation par des professionnels du monde scientifique a rendu le canular d'autant plus crédible.

Le canular des rhinogrades a perduré pendant environ une décennie avant que la vérité ne soit révélée. En 1960, Harald Stümpke a révélé publiquement que les rhinogrades étaient purement fictifs et que le livre avait été conçu comme une expérience sociale pour mettre en lumière la crédulité de la communauté scientifique.

La pilule DNP

La quête de la minceur a conduit l'humanité à des extrémités parfois dangereuses, comme l'illustre la tristement célèbre tromperie de la pilule DNP (2,4-dinitrophénol) au XIXe siècle. Cet épisode sombre de l'histoire de la nutrition met en lumière les risques insensés auxquels les individus étaient prêts à s'exposer pour atteindre un idéal de beauté. Alors que la DNP est désormais largement reconnue comme toxique et interdite, son histoire constitue un avertissement sur les dangers des régimes miracles et de la recherche de solutions rapides pour perdre du poids.

La DNP est une substance chimique initialement synthétisée au XIXe siècle à des fins industrielles, notamment dans la fabrication de colorants et d'explosifs. Cependant, ses propriétés chimiques la rendirent rapidement sujette à des expérimentations dans le domaine médical. Les chercheurs découvrent que la DNP augmentait considérablement le métabolisme cellulaire en provoquant la désintégration des graisses stockées dans le corps. Cela suscite alors l'intérêt de la communauté médicale, qui voit en cette substance un potentiel pour créer un remède contre l'obésité.

Au début du XXe siècle, la DNP commence à être commercialisée sous forme de pilules amaigrissantes. Les publicités de l'époque font miroiter aux personnes en surpoids une solution simple pour perdre rapidement et sans effort leurs kilos superflus. Les témoignages de réussite commencent à affluer, vantant les mérites de la pilule DNP comme un véritable médicament miracle.

La publicité joue sur le désir universel d'atteindre la minceur et la beauté idéalisée, et on promet, grâce à cette pilule, une transformation radicale de la silhouette sans régime ni exercice. Cette approche marketing persuasive va attirer un grand nombre de personnes désireuses de perdre du poids rapidement et facilement.

Derrière cette image séduisante se cache une réalité beaucoup plus sombre. L'effet principal de la DNP est d'augmenter la production d'ATP (adénosine triphosphate) dans les cellules. Cela augmente considérablement le métabolisme, faisant brûler les graisses plus rapidement. Mais, ce processus a des effets secondaires dévastateurs.

La DNP perturbe la régulation normale de la chaleur corporelle, provoquant une montée en flèche de la température. Les individus sous l'influence de la DNP développaient de la fièvre, transpiraient excessivement et, dans les cas les plus graves, développaient une hyperthermie potentiellement mortelle.

De plus, la DNP endommageait les cellules mitochondriales, perturbant le métabolisme énergétique. Cette perturbation entraînait des complications graves, notamment des atteintes au foie et aux reins. Les utilisateurs de DNP souffraient de troubles gastro-intestinaux, de troubles respiratoires, de problèmes cardiaques et de déshydratation. Certains présentaient également des troubles neurologiques tels que des convulsions et une altération de la conscience.

La tromperie de la pilule DNP a atteint son apogée au début du XXe siècle. Des milliers de personnes ont utilisé cette substance dans l'espoir de perdre du poids rapidement, sans connaître les risques mortels auxquels elles s'exposaient. Les décès dus à la DNP se sont multipliés, et les autorités médicales et gouvernementales ont commencé à prendre des mesures pour mettre fin à ce fléau.

En 1938, les autorités américaines ont interdit la DNP à des fins médicales et l'ont classée comme substance dangereuse. Mais, des formules de DNP ont continué à être vendues illégalement sur le marché noir.

L'histoire de la pilule DNP est un exemple tragique des dangers des régimes miracles et des solutions rapides pour la perte de poids. La quête de la beauté idéale a poussé de nombreuses personnes à mettre leur santé en danger en consommant aveuglément des produits promus comme des remèdes miracles.

Cette tromperie a également mis en lumière l'importance cruciale de la réglementation et de la surveillance en matière de santé et de bien-être. Les gouvernements et les organismes de santé ont un rôle essentiel à jouer dans la protection du public contre les substances dangereuses.

De nos jours, le spectre de la pilule DNP continue de planer, car des produits contenant cette substance sont parfois vendus illégalement comme suppléments amaigrissants sur Internet. Cela souligne la nécessité d'une éducation continue et de la sensibilisation du public aux risques associés à ces produits.

La gélatine du Dr Darsee

Les canulars scientifiques prennent de nombreuses formes, mais l'un des plus troublants est celui de l'injection de gélatine orchestrée par John Darsee en 1982. Ce scandale a secoué la communauté médicale et mis en lumière les dangers de la falsification des données de recherche, en particulier lorsqu'elle touche des sujets aussi sensibles que la santé des patients.

John Darsee, un chercheur en cardiologie, était autrefois considéré comme l'une des étoiles montantes de la recherche médicale. Il obtient son diplôme de médecine à la Harvard Medical School et intègre rapidement les rangs du célèbre Brigham and Women's Hospital, affilié à Harvard. Sa recherche porte sur les maladies cardiaques, l'une des principales causes de décès dans le monde.

Sa carrière connait un tournant décisif en 1982 lorsqu'il publie une étude révolutionnaire dans le New England Journal of Medicine. L'étude prétend démontrer que la gélatine, une substance courante, pourrait être utilisée pour réduire les risques de caillots sanguins et d'accidents cardiaques. Cette découverte potentielle aurait pu révolutionner la prévention des maladies cardiovasculaires et sauver des vies.

L'étude du Dr Darsee a été largement saluée et a suscité un grand enthousiasme dans le domaine médical. Les médecins et les chercheurs ont vu en cette recherche une percée majeure. Mais, les questions ont rapidement émergé concernant la méthodologie de l'étude.

Des enquêtes ultérieures ont révélé que le Dr Darsee avait falsifié les données de recherche. En réalité, il n'avait jamais mené les expériences qu'il prétendait avoir réalisées. Les résultats publiés étaient le fruit de son imagination et non d'une recherche scientifique légitime.

L'une des pratiques les plus choquantes du Dr Darsee était l'injection de gélatine à ses patients sans leur consentement. Ces derniers croyaient qu'ils participaient à une étude médicale légitime sur les maladies cardiaques, mais en réalité, ils étaient les victimes d'une tromperie cruelle. L'injection de gélatine a provoqué des réactions physiologiques et a causé des souffrances inutiles aux patients.

Lorsque les preuves de la fraude du Dr Darsee ont été révélées, sa carrière s'est effondrée. Il a été congédié de son poste, radié du corps professoral de Harvard, sa réputation a été ruinée. Ses collègues, qui avaient placé leur confiance en lui, ont été profondément choqués par ses actions.

L'impact de l'affaire Darsee a été ressenti bien au-delà de son cas personnel. Elle a suscité des inquiétudes quant à la véracité des résultats de recherche dans le domaine médical et à l'importance de l'intégrité scientifique. La confiance du public envers les chercheurs et les professionnels de la santé a été ébranlée.

En conclusion, le canular de l'injection de gélatine de John Darsee est un rappel amer des dangers de la falsification de la recherche médicale. La science et la médecine sont des domaines où l'intégrité et l'éthique sont cruciales. Les actions du

Dr Darsee ont eu un impact sur la recherche médicale et servent de mise en garde contre la fraude et la tromperie dans le domaine de la santé.

L'homme de Piltdown

Au début du XXe siècle, l'une des découvertes archéologiques les plus célèbres de tous les temps a ébranlé le monde de la paléontologie. L'homme de Piltdown, un prétendu fossile de chaînon manquant entre les humains et les singes, a été considéré comme une preuve majeure de l'évolution humaine pendant près de 40 ans. Mais, en 1953, le canular de Piltdown a été révélé au monde, révélant une supercherie complexe qui avait trompé la communauté scientifique.

Le canular de Piltdown prend ses racines au début du XXe siècle, une période de découvertes archéologiques majeures dans le domaine de la paléontologie. En 1908, un ouvrier du nom de Charles Dawson et le géologue amateur Arthur Smith Woodward ont affirmé avoir découvert un crâne partiel et un fragment de mâchoire dans une carrière de Piltdown, en Angleterre. L'équipe de chercheurs a ensuite présenté ces découvertes comme une preuve cruciale de l'existence d'un ancêtre commun de l'homme et du singe, affirmant que l'homme de Piltdown était le chaînon manquant.

L'annonce de cette découverte a suscité un grand enthousiasme dans la communauté scientifique, car elle semblait confirmer les théories de l'évolution de Charles Darwin. Cependant, ce qui semblait être une avancée majeure dans la compréhension de l'histoire de l'homme allait bientôt se révéler être l'un des canulars scientifiques les plus élaborés de l'histoire.

L'homme de Piltdown a été considéré comme un ancêtre préhistorique unique, possédant un crâne humain avec une mâchoire simiesque, illustrant ainsi une transition entre les singes et les hominidés. Cette découverte a été largement acceptée par la communauté scientifique de l'époque, renforçant la théorie de l'évolution et offrant un soutien apparent à l'idée que les humains avaient évolué à partir d'un ancêtre simiesque.

Le canular a également contribué à la réputation de Charles Dawson et Arthur Smith Woodward, qui ont gagné en notoriété dans le monde de la paléontologie en raison de leur rôle présumé dans la découverte.

Pendant des années, le canular de Piltdown a résisté à de nombreuses tentatives de réfutation. Mais, au fil du temps, des doutes ont commencé à surgir. Des scientifiques ont remarqué que l'homme de Piltdown semblait être une anomalie par rapport aux autres découvertes fossiles de l'époque. Les fouilles ultérieures dans la région de Piltdown n'ont pas permis de découvrir de nouveaux fossiles similaires, ce qui a alimenté les soupçons.

Le tournant décisif s'est produit en 1953, lorsque de nouvelles analyses scientifiques ont été effectuées sur les restes du crâne de Piltdown. Ces analyses, y compris des tests de datation au carbone 14, ont révélé que les fossiles n'étaient pas vieux de plusieurs centaines de milliers d'années, comme on le pensait précédemment, mais qu'ils étaient en fait des créations relativement récentes. De plus, des tests ont montré que les ossements étaient un mélange de restes humains et de singes modernes, et non le chaînon manquant tant espéré.

Les résultats de ces analyses ont choqué la communauté scientifique et ont rapidement déclenché une enquête approfondie. Il est apparu que les restes de

Piltdown avaient été intentionnellement modifiés pour créer l'impression d'un chaînon manquant. Les dents avaient été limées, les crânes et les mâchoires de l'homme moderne et de l'orang-outan avaient été assemblés pour créer l'illusion d'un fossile intermédiaire.

Bien que les responsables du canular ne soient pas clairement identifiés, il est généralement admis que Charles Dawson a joué un rôle central dans la supercherie, peut-être avec la complicité d'autres collaborateurs. Le canular a été minutieusement planifié et exécuté, trompant pendant des décennies certains des plus éminents scientifiques de l'époque.

Le canular de Piltdown est devenu un cas emblématique de la nécessité d'une vigilance et d'une vérification rigoureuses dans la recherche scientifique. Il souligne également l'importance de remettre en question les découvertes et de ne pas se laisser emporter par les préjugés. La volonté de la communauté scientifique de reconnaître l'erreur et de corriger ses propres erreurs a renforcé la crédibilité de la science en tant que méthode d'investigation objective.

De plus, le canular de Piltdown a souligné le besoin de partager les données et de permettre des évaluations indépendantes, une pratique essentielle dans la recherche scientifique moderne.

La navette spatiale suisse

Swiss Space Systems, également connue sous le nom de S3, est une entreprise suisse qui a connu une ascension remarquable dans les premières années de son exploitation.

Pascal Jaussi qui se présente comme ancien pilote de chasse, ancien pilote de ligne et ingénieur diplômé de l'EPFL (Ecole Polytechnique Fédérale de Lausanne) fonde S3 en 2012. L'entreprise acquiert rapidement une réputation mondiale pour ses innovations dans le domaine de l'accès à l'espace, notamment avec des coûts d'accès à l'espace réduits.

Le concept révolutionnaire de S3 repose sur le développement d'un système de lancement suborbital réutilisable, destiné à rendre l'accès à l'espace plus abordable et accessible. Le cœur de cette technologie est l'avion spatial SOAR (Sub-Orbital

Aircraft Reusable), qui est conçu pour être lancé depuis un avion porteur Airbus A300 spécialement modifié.

Le véhicule SOAR est prévu pour transporter des charges utiles vers la frontière de l'espace, permettant ainsi des expériences en apesanteur, des tests technologiques et des vols paraboliques. Cette innovation a suscité un grand intérêt dans l'industrie spatiale et parmi les chercheurs et les entreprises du monde entier.

S3 commence à établir des partenariats stratégiques avec des organisations spatiales renommées, des universités de premier plan et des entreprises du secteur privé. Ces collaborations avaient clairement pour but d'accéder à de nouvelles technologies, de partager des connaissances et de développer des solutions innovantes pour répondre aux défis de l'exploration spatiale.

Des vols à gravité zéro sont proposés au grand public à prix cassés. Le succès est tel qu'il fallait prévoir une attente de 2 à 3 ans minimum après avoir acheté son billet.

L'entreprise va connaitre un premier revers quand, après s'être montrée intéressée, Dassault Aviation décide de ne pas investir dans ce projet, privant S3 de l'expertise de la société française ainsi que d'une source non négligeable de fonds.

Une controverse va voir le jour. Certains observateurs remettent en question la viabilité des solutions de lancement de satellites proposées par S3, affirmant qu'elles sont basées sur des concepts non éprouvés ou des technologies non développées. Ces critiques vont commencer par soulever des doutes quant à la crédibilité de l'entreprise et à sa capacité à réaliser ses objectifs.

Des interrogations vont ensuite émerger concernant le train de vie de l'entreprise et plus précisément son président. Après enquête, on apprendra que Pascal Jaussi n'est ni ancien pilote de chasse, ni ancien pilote de ligne et encore moins ingénieur diplômé de l'EPFL comme il aimait à se présenter.

En 2017, le tribunal prononcera la faillite définitive de la société qui n'a jamais eu de véritables investisseurs et n'a jamais réalisé de vols commerciaux.

Bien que S3 ait initialement suscité l'enthousiasme en promettant de révolutionner l'accès à l'espace, la mauvaise gestion et les pratiques frauduleuses ont fini par apparaitre au grand jour.

La quadrature du cercle

La quadrature du cercle demeure l'un des problèmes non résolus les plus célèbres en mathématiques, suscitant fascination et frustration chez les mathématiciens à travers les âges. Ce défi consiste à créer un carré ayant la même aire qu'un cercle donné, en utilisant uniquement une règle et un compas.

Son origine remonte à l'Antiquité, avec des traces déjà relevées dans des parchemins datant d'environ 1500 ans avant Jésus-Christ. Malgré d'innombrables tentatives, aucun mathématicien n'a réussi à trouver une solution satisfaisante, faisant de la quadrature du cercle un symbole de la quête infinie de la recherche mathématique.

En 1882, le mathématicien allemand Ferdinand von Lindemann a démontré que pi (π), le rapport entre la circonférence d'un cercle et son diamètre, est un nombre transcendant, ce qui signifie qu'il ne peut être obtenu comme solution d'une équation polynomiale avec des coefficients rationnels. Cette découverte a mis fin à toute tentative de résoudre la quadrature du cercle de manière géométrique.

Pourtant, malgré l'acceptation de cette vérité par la communauté mathématique internationale, un certain Goodwin a tenté de prouver le contraire. En 1897, la législature de l'État de l'Indiana a même envisagé de redéfinir faussement la valeur de Pi « en tant que contribution à l'éducation ».

Le Dr Edwin J. Goodwin, médecin et amateur de mathématiques, était convaincu d'avoir résolu la quadrature du cercle. Après avoir prétendument découvert une nouvelle formule en 1888, il passe des années à promouvoir ses affirmations. En 1894, Goodwin achète un encart publicitaire dans le journal scientifique « American Mathematical Monthly » dans lequel il expose ses théories.

Goodwin a cherché à intégrer sa "nouvelle vérité mathématique" dans la législation de l'Indiana en janvier 1897, avec le projet de loi 246, qui proposait d'incorporer sa théorie dans l'éducation de l'État.

Le Sénat de l'Indiana avait alors sollicité l'avis de deux commissions, celle de l'éducation et celle des finances. Étonnamment, les "experts" avaient émis un avis favorable à l'adoption de la loi.

Le 5 février 1897, alors que la loi était sur le point d'être examinée en seconde lecture en vue de son adoption, un événement inattendu s'est produit. Le professeur Clarence Abiathar Waldo, directeur du département de mathématiques de l'université Purdue, était présent au Sénat de l'Indiana pour plaider en faveur de crédits budgétaires supplémentaires. Il a été surpris de découvrir que l'Assemblée débattait d'une législation qui impliquait les mathématiques. Après avoir lu une copie du projet de loi, un représentant lui a suggéré de le présenter à Goodwin. Le professeur a refusé, arguant qu'il connaissait déjà suffisamment de personnes excentriques.

Cet événement a incité les sénateurs à remettre en question la pertinence de voter une telle loi. Ils ont également pris conscience que des articles peu flatteurs à leur égard étaient publiés dans de nombreux journaux des États voisins.

Finalement, le projet de loi a été abandonné la même semaine. Plus d'un siècle plus tard, l'héritage de Goodwin perdure dans les annales mathématiques, soulignant ainsi le danger de légiférer sur des questions scientifiques sans une analyse critique appropriée.

Les rayons N

À la fin du XIXe siècle, une série de découvertes majeures ont marqué l'avancée scientifique. Tout d'abord, les rayons X, dévoilés par l'Allemand Wilhelm Roentgen, et la radioactivité, mise en lumière trois mois plus tard par le Français Henri Becquerel, ont valu à chacun de ces chercheurs le prix Nobel (1901 pour Roentgen et 1903 pour Becquerel).

C'est dans ce contexte que René Prosper Blondlot, professeur de physique à l'université de Nancy, a présenté les rayons N (N pour Nancy). Blondlot avançait avoir déniché une nouvelle forme de rayonnement invisible provenant du soleil, des végétaux et même de certaines parties du corps humain comme les muscles et les nerfs. Alors que les rayons X permettaient de visualiser les os lors d'une radiographie, les rayons N, eux, promettaient de révéler les nerfs du corps humain.

Les caractéristiques mystérieuses des rayons N ont captivé la communauté scientifique. Les premiers doutes n'ont pas tardu à surgir, certains scientifiques remettant en question le manque de rigueur des protocoles présentés par Blondlot.

Dès juin 1904, le physicien François-Pierre Le Roux a alerté l'Académie des Sciences sur la nécessité de ne pas précipiter les interprétations de cette découverte. Il a avancé que ces rayons étaient, selon lui, des phénomènes purement subjectifs. De manière étonnante, dans une communauté scientifique où les progrès techniques et la multiplication des revues scientifiques favorisaient la communication, les rayons N n'étaient que peu évoqués à l'international.

Malgré ces doutes, Blondlot a été honoré du prix Leconte de l'Académie des sciences, accompagné d'un prix de 50 000 francs (une somme considérable pour l'époque). Il fut même promu officier de la Légion d'honneur.

La controverse a culminé en septembre 1904 lorsque Robert Wood, physicien américain de l'université Johns Hopkins, a échoué à reproduire les résultats de Blondlot. Il s'est alors rendu à Nancy pour assister aux expériences. Pendant l'une d'elles, il a subtilisé une pièce essentielle dans l'un des appareils. Blondlot, n'ayant pas remarqué la manœuvre, a poursuivi l'expérience et a obtenu les fameux rayons N. Lors d'une autre expérience, Wood a simplement placé sa main devant le faisceau de sortie des rayons, mais les expérimentateurs lui ont assuré que tout se déroulait comme prévu.

Ces événements ont été rapportés dans certains journaux scientifiques, mettant ainsi un terme à l'affaire des rayons N. La communauté scientifique française, qui avait largement accepté les résultats sans les remettre en question, a été critiquée. Finalement, les rayons N ont été relégués au rang de mythe scientifique.

En 1905, Albert A. Michelson, lauréat du prix Nobel de physique, a mené une expérience à l'université de Chicago pour éclaircir la question. Il en a conclu que les rayons N n'existaient pas, et la plupart des scientifiques ont accepté ses résultats comme une réponse définitive.

Malgré cette controverse, René Blondlot a continué ses travaux en physique, mais l'affaire des rayons N a terni sa réputation. Bien qu'il ait contribué antérieurement à la science, il est principalement connu pour cette polémique.

Cette histoire souligne le rôle de la suggestion dans l'expérience, démontrant qu'elle peut jouer un rôle bien plus important que ce que l'on imagine. De plus, le fait qu'une erreur scientifique ait été récompensée par l'Académie des sciences souligne à quel point une institution réputée peut être trompée, nous rappelant de ne pas prendre pour acquis tout ce qui émane d'une source officielle.

Les cerveaux cosmiques

En aout 2020 une étude, semble promettre une révolution dans le domaine de l'éducation. L'article publié dans le « Journal of multidisiplinary discoveries » avance l'idée audacieuse selon laquelle la différence entre les élèves performants et ceux en difficulté pourrait être déterminée par l'acidité de leur cerveau.

Les bons élèves, appelés les « CB : Cosmic Brain », auraient un cerveau basique et posséderaient les bases de l'enseignement tandis que les mauvais élèves, appelés les « NCB : Non Cosmic Brain », auraient un cerveau acide.

Les chercheurs affirment que les mauvais élèves pourraient s'améliorer si l'acidité de leur cerveau était réduite. Mais, même en s'améliorant, ils resteraient loin derrière les bons élèves, qui possèdent naturellement un cerveau basique.

Les chercheurs ont expliqué leur méthode opératoire utilisée pour mener à bien cette étude. Ils ont sélectionné des étudiants, puis ont ouvert leur boîte crânienne pour mesurer l'acidité de leur cerveau. Dans leur article, les chercheurs ont décrit en détail comment ils ont implanté des électrodes dans le cerveau des étudiants pour leurs expériences.

Les auteurs de l'article se sont présentés comme les pionniers d'une nouvelle discipline : la neurophysico-chimie de l'éducation.

Ce qui est étonnant, c'est que ce canular a été publié dans une revue scientifique, reprenant les éléments mentionnés précédemment et même ajoutant d'autres détails farfelus.

La lecture de l'article permettait rapidement de déceler son caractère humoristique. Même sans avoir de connaissances scientifiques, il était évident qu'il s'agissait d'une farce. Les chercheurs citaient Anne Hidalgo et les Vélibs, remerciaient la mère de l'un d'entre eux. Ils n'ont pas hésité non plus à insérer un poème et même une partie de la notice d'un médicament grand public.

Cette démarche avait plusieurs objectifs.

Tout d'abord, elle visait à démontrer qu'il était facile de publier n'importe quoi dans certaines revues scientifiques. Ensuite, elle cherchait à sensibiliser sur la nécessité d'être prudent avec les conclusions tirées des études.

Des produits de beauté radioactifs

Au tournant du XXe siècle, l'avènement de la radioactivité a captivé l'intérêt général, engendrant une nouvelle ère de produits de beauté présentés comme révolutionnaires. Les scientifiques, ayant découvert les propriétés de la radioactivité, envisageaient ses possibles bienfaits pour la peau, conduisant ainsi à l'émergence de crèmes, poudres et lotions radioactives promettant une peau plus jeune et plus saine.

En 1903, trois scientifiques se sont vus décerner le prix Nobel de physique pour leurs avancées dans le domaine de la radioactivité : Henry Becquerel pour la découverte de la radioactivité naturelle, ainsi que Marie et Pierre Curie pour leurs recherches approfondies sur la radioactivité, aboutissant à la découverte du radium et du polonium. La radioactivité était alors une discipline émergente, ouvrant des horizons prometteurs en médecine.

On pensait alors que l'application appropriée d'éléments radioactifs pouvait avoir des effets positifs sur le corps. Dès 1917, une société londonienne, Radior, faisait la promotion de sa crème radioactive, assurant à ses utilisateurs qu'ils n'auraient plus besoin de chirurgie esthétique pour révéler leur beauté naturelle. En France, la société Ramey lançait également une crème radioactive vantant des vertus anti-âge et régénératrices pour la peau.

L'une des marques les plus emblématiques de produits de beauté radioactifs était « Tho-Radia ». Enrichis en thorium et radium, leurs produits étaient censés revitaliser la peau et éliminer les imperfections, attirant ainsi les consommateurs avec leurs promesses de rajeunissement cutané.

Dans les années 1920 et 1930, les produits Tho-Radia ont connu une large diffusion en Europe et aux États-Unis. Leurs publicités mettaient en avant les bénéfices de ces produits, attestant de leur sérieux en les associant à la formule du Dr. Alfred Curie, choisi en grande partie pour son homonymie avec la célèbre famille Curie. Cette association a grandement contribué à la popularité croissante de ces produits de beauté radioactifs.

Malheureusement, l'utilisation de ces produits s'est révélée dangereuse. Les effets néfastes de l'exposition à la radioactivité, tels que les brûlures cutanées, les cancers et d'autres problèmes de santé graves, ont commencé à se manifester. Les autorités sanitaires ont alors instauré des réglementations pour restreindre leur utilisation.

Aux États-Unis, par exemple, la Food and Drug Administration (FDA) a interdit la vente de produits de beauté contenant du radium et d'autres substances radioactives dans les années 1930. Des mesures similaires ont été prises en Europe afin de protéger la santé des consommateurs. Néanmoins, les effets à long terme de l'utilisation de ces produits ont continué à affecter certaines personnes.

Les produits de beauté radioactifs témoignent d'une époque de l'histoire de la beauté caractérisée par des idées novatrices, mais souvent dangereuses. Ils soulignent également l'importance cruciale de la réglementation et de la recherche scientifique dans le développement de produits de beauté sûrs et efficaces.

Claude Émile Jean-Baptiste Litre

Cette histoire prend sa source dans une mesure bien connue : le litre. Bien que l'unité officielle pour mesurer le volume soit le mètre cube, en 1879, le Comité International des Poids et Mesures (CIPM) a reconnu l'utilisation du litre. Selon les directives du CIPM, le symbole attribué au litre était un « l » minuscule. Il est rapidement apparu que cette lettre pouvait être confondue avec le chiffre « 1 », surtout dans le monde anglo-saxon. Pour éviter cette confusion, l'usage a alors préféré utiliser la majuscule « L ».

Kenneth Woolner, de l'Université de Waterloo, a publié une explication sur l'utilisation de la majuscule « L » pour désigner les litres. Cette explication a été relayée dans le numéro d'avril 1978 de CHEM 13 News, un bulletin d'information chimique destiné aux enseignants. L'article racontait une histoire fictive selon laquelle Claude Émile Jean-Baptiste Litre, un savant français du XVIIIe siècle, aurait proposé cette nouvelle unité de mesure. Puisque "litre" était également un nom de personne, l'utilisation de la majuscule « L » était ainsi justifiée, comme « A » pour Ampère ou « V » pour Volt.

Cette histoire, présentée comme une recherche historique sobre, a été écrite avec des détails précis. Mais en réalité, Claude Litre était un personnage inventé par Ken Woolner.

Woolner a volontairement laissé un « vide » de 15 ans dans la supposée biographie de Litre, dans l'espoir que d'autres contribueraient à enrichir cette histoire. Plusieurs lecteurs ont joué le jeu en ajoutant des détails supplémentaires. Par exemple, des informations sur la vie de Millie, la fille de Litre, ont été apportées. Une « note de recherche » sur Marco Guiseppe Litroni a même été publiée dans le numéro de juin 1977 de Standard Engineering, suggérant que le nom Litre avait été adopté par Litroni après avoir fui la mafia en Toscane pour venir s'installer en France.

Ce canular a eu un tel succès que plusieurs revues l'ont republié en y ajoutant d'autres contributions. La version de Chemistry International a même permis à Litre de passer à la radio, dans le magazine scientifique de la Société Radio-Canada, Quirks and Quarks.

En septembre 1978, Woolner a finalement publié un nouvel article dans CHEM 13 News, détaillant son canular. Bien que la plupart des réactions aient été amusées, certains rédacteurs du New York Times se sont indignés de ces pratiques.

Un peu plus d'un an après cet événement, lors de la 16e Conférence générale des poids et mesures en octobre 1979, une résolution a été adoptée de manière exceptionnelle, autorisant l'utilisation de la majuscule « L » comme symbole du litre.

La récolte des spaghettis

Le 1er avril 1957, la BBC, une institution médiatique mondialement respectée, a diffusé un canular soigneusement conçu qui a suscité l'étonnement et l'admiration de millions de téléspectateurs. Intitulé « La Récolte des spaghettis en Suisse », ce faux reportage a été présenté comme une production documentaire sérieuse, montrant des travailleurs suisses cueillant des spaghettis mûrs des arbres.

Pour appréhender pleinement l'impact de ce canular de la BBC, il est crucial de le contextualiser dans les années 1950, une période où la télévision émergeait comme un média de masse. La BBC jouissait alors d'une réputation incontestable pour son sérieux et son professionnalisme dans la couverture de l'actualité internationale. Ainsi, la crédibilité de la BBC a amplifié l'effet de surprise de ce canular.

Diffusé au cours de l'émission « Panorama », un programme d'actualités de la BBC, ce canular prétendait être un reportage sur la récolte annuelle des spaghettis en Suisse, région supposée propice à cette culture. Les images montraient des femmes suisses « récoltant » des spaghettis suspendus aux arbres, avec un réalisme saisissant.

Le journaliste Richard Dimbleby, en tant que narrateur, fournissait des commentaires sérieux décrivant le processus de récolte, les défis saisonniers et les soins apportés pour éviter les attaques de parasites. L'authenticité des images et la voix respectée de Dimbleby ont accru la crédibilité du canular auprès du public peu familier avec la production des spaghettis.

La réaction initiale au canular a été mitigée. De nombreux téléspectateurs ont cru au reportage et ont contacté la BBC pour obtenir des conseils sur la culture des spaghettis. D'autres étaient perplexes mais intrigués par la possibilité que la récolte de spaghettis puisse être authentique.

Le canular de la BBC est un exemple classique de satire médiatique, utilisant la forme d'un reportage documentaire pour se moquer de la crédulité du public et pour souligner les préjugés culturels.

Conclusion

Les canulars, les fraudes et les supercheries scientifiques mettent en lumière les conséquences d'une acceptation trop hâtive de découvertes extraordinaires. Cette excitation initiale laisse souvent place à la désillusion lorsque des erreurs méthodologiques sont mises au jour. Ils nous rappellent qu'il est essentiel de maintenir un esprit critique même dans l'euphorie de la découverte.

Chaque histoire renferme des leçons précieuses pour la communauté scientifique et le grand public. Ils soulignent l'importance de la rigueur méthodologique, de la reproductibilité des résultats et du scepticisme éclairé. De plus, ils mettent en évidence l'intégrité scientifique, la transparence et l'évaluation par les pairs pour garantir la solidité des découvertes novatrices dans le temps.

Les canulars, fraudes et supercheries scientifiques démontrent également que la science ne peut progresser en vase clos. Elle nécessite un débat constant, des discussions et une remise en question. Les sceptiques, les critiques et les révolutionnaires jouent un rôle crucial pour assurer une progression saine et honnête de la science.

Enfin, ils nous rappellent que la quête de la vérité scientifique est une entreprise complexe et humaine. Elle est motivée par diverses aspirations, de la quête de gloire à la simple curiosité en passant par l'appât du gain. Ils révèlent notre désir profond de comprendre le monde qui nous entoure, même si parfois nous sommes aveuglés par notre propre enthousiasme.

Dans l'univers des canulars scientifiques, l'audace se confronte à la prudence, les chercheurs tentent de découvrir la vérité tout en trompant parfois leur public. Cet équilibre délicat reflète la nature même de la recherche scientifique, où nous nous aventurons dans l'inconnu, défions les paradigmes établis, tout en maintenant une recherche sincère de la vérité.

En refermant cet ouvrage sur les canulars, fraudes et supercheries scientifiques, nous laissons derrière nous une galerie de personnages audacieux, des révélations surprenantes et des débats passionnés. Cependant, nous emportons avec nous un profond respect pour la science, ainsi qu'un sentiment renouvelé de l'importance de l'intégrité, de la rigueur et de la curiosité dans notre quête incessante de la vérité. Car c'est cette quête qui nous pousse vers l'infini et au-delà, repoussant les limites de notre connaissance et ouvrant de nouvelles voies vers la compréhension de notre monde.

Que ce livre soit une source d'inspiration pour les futurs chercheurs, un rappel de la fragilité de la vérité scientifique et une célébration de l'ingéniosité humaine, même lorsqu'elle se perd dans les dédales des canulars, fraudes et supercheries scientifiques. La quête continue.

Merci, et à bientôt pour de nouvelles explorations.

Alma

13, rue de l'université

75007 Paris

Dépôt légal mars 2024